12823

Au Soin de

Mr. Sheldon

1785
voyage de Blanchard a francfort

RELATION

DU QUINZIEME

VOYAGE AËRIEN

DE

Mr BLANCHARD,

Fait à Francfort fur le Meyn, le 3 Octobre 1785,

DÉDIÉ

A SON ALTESSE SÉRÉNISSIME MONSEIGNEUR

CHARLES,

PRINCE PALATIN, DUC DE DEUX-PONTS.

A FRANCFORT SUR LE MEYN, 1785.

MONSEIGNEUR,

LE vif intérêt que VOTRE ALTESSE SERENIS-
SIME a daigné prendre à ma quinzième Expérience,
a prouvé à toute l'Allemagne combien Elle aime à
protéger les Arts.

Combien de découvertes intéressantes sortiroient du
néant, si tous les Artistes avoient, comme moi, le
bonheur d'être protégés par un grand Prince; le pouvoir de l'homme, quoique très-étendu, ne peut avoir
tout son essor, s'il n'est développé par l'appui d'un aussi
grand Seigneur.

*Il me reste, MONSEIGNEUR, l'espoir de répon-
dre à Vos bontés par de plus grands succès.*

*Je suis avec le plus profond respect & la plus parfaite
soumission,*

MONSEIGNEUR,

DE VOTRE ALTESSE SERÉNISSIME,

Francfort sur le Méyn, ce 20
Octobre 1785.

Le plus humble & le plus
obéissant Serviteur,
BLANCHARD, Citoyen de
Calais, Pensionnaire
du Roi.

LEs fréquens Voyages aëriens n'avanceroient pas cet art sublime, si l'Artiste qui s'en occupe ne faisoit des tentatives sur la direction ou sur les nouvelles connoissances que l'aérostation peut procurer à l'homme : plein de cette intention, c'est toujours avec un nouveau plaisir que j'abandonne le séjour terrestre pour parcourir l'immensité des cieux. Toutes les fois que mon corps s'élève dans le vaste fluide, mon ame semble aussi prendre un nouvel essor & mille idées enchanteresses en se succédant me font oublier les revers que l'homme éprouve quelquefois.

Ici-bas la musique & les arts les plus enchanteurs qui égayent le cœur, & qui, quelquefois guérissent l'ame de cette tristesse & de cette affreuse mélancolie dont elle est si souvent accablée, ne sont qu'un foible remède en comparaison de celui qu'éprouve l'homme isolé dans la nature en planant dans les airs : c'est là, qu'éloigné des humains, errant dans cette vaste solitude, l'Aéronaute semble oublier la terre pour se rapprocher de la Divinité. Mais, hélas ! il se voit bientôt forcé d'y reprendre sa place.

Le Lundi 3 octobre 1785, je remplis d'air inflammable le Ballon de Calais; mais ayant consommé toutes les matières nécessaires la journée du 27 Septembre précédent, & n'ayant pu m'en procurer d'autres, je ne pus le remplir qu'aux deux tiers, ce qui priva M. *Scheweizer*, Officier au Service de France, de m'accompagner. A 10 h. 35 m. le vent étoit N. E., le Ciel couvert par tout exactement, & le baromètre à une ligne au dessus du variable, je m'élevai de la plaine immense, fameuse par la victoire de Berghen. Parvenu à une certaine élévation, je lançai mon parachute chargé d'un chien. La Machine se déploya à l'instant, & l'animal planant dans l'atmosphère, fut tout doucement se reposer à un quart de lieue de Francfort. M'étant débarrassé de ce lest, je fus à l'instant porté à plus de 4000 pieds plus haut. J'entendis peu après 3 coups de canon, que S. A. S. Mgr. le Landgrave de Hombourg avoit ordonné qu'on tirât à mon passage sur la Ville de Hombourg-ès-Mons, distante de 4 lieues de Francfort. J'y répondis par le salut de mon drapeau, & j'eus même envie de terminer là mon voyage ; mais appercevant une chaîne de montagnes garnie de forêts, je m'élévai dans l'intention de faire une expérience en les franchissant. Le baromètre étoit à 21 p. Il baissa sensiblement à mesure que j'en approchois, & il reprit son même degré d'élévation après que je les eus passées. Comme le Ciel étoit exactement couvert, je n'éprouvai ni dilatation, ni condensation, ce qui me confirma dans l'idée que j'avois d'avoir régulièrement suivi le profil de la montagne. Le Ciel s'obscurcit davantage, & ma sphère se trouva plongée dans les nuages jusqu'à l'équateur ; je voyageai ainsi dans une douce température, poussé par un vent S. E. A cette élévation, (selon mon baromètre) qui étoit de 6500 pieds de terre, les courans étoient différens. Je ne voulois point entrer plus avant dans les nuages, afin de ne pas me dérober à la vue des hommes. J'entendois très-distinctement le son des cloches, l'aboiement des chiens, & des coups de fusil ; je distinguois aussi fort bien avec mon télescope, les Villes & les Villages, par-dessus lesquels je passois. A 11 h. 5 m. j'entendis un bruit sourd, dont l'écho étoit épouventable ; il ressembloit à celui de ces cascades formées par la nature, que j'ai vues dans le Dauphiné, & dont le bruit désagréable se fait certainement entendre jusqu'aux nues. A 11 h. 8 m. j'apperçus dans le lointain une Ville, qui me parut assez bien située. J'examinai ma boussole & ma carte, & je crus reconnoître la Ville de Nassau Weilbourg. Je m'abaissai à 11 h. 10 m. dans une Vallée, au milieu de laquelle coule la rivière de Lahne.--- Arrivé sur une belle Prairie, je jettai l'ancre. Il étoit 11 h. 15 m. Tous les habitans attirés par la curiosité accouroient, lorsqu'un enfant qui me crut arrêté par accident, sauta à l'ancre, la dégagea & en abandonna le cordeau. Je me relevai comme un éclair en murmurant contre l'officieux indiscret, & j'allai m'ancrer plus loin ; mais un malheureux berger vint de nouveau à toutes jambes dégager mon ancre ; malgré les signes pressans que je lui faisois de me retenir & de me conduire dans la Ville, il m'abandonna. J'aurois certainement pu éviter ces désagrémens, si j'avois voulu ouvrir ma soupape, mais je ne jugeai pas à propos de perdre l'air inflammable, afin de pouvoir y entrer par dessus les maisons. Je fus porté vers la rivière, au milieu de laquelle je jettai l'ancre, certain qu'on ne pourroit plus me contrarier. Le rivage fut à l'inſtant couvert d'un Peuple immenſe. Je demandai ſi le Prince étoit à ſon Palais, perſonne ne put me répondre; enfin les Conſeillers & les Bourgeois arrivèrent, & après m'avoir aidé à ployer mon Ballon, ils me conduiſirent en triomphe à la Ville, où je reçus beaucoup de complimens, & l'on me pria d'accepter un ſplendide ſouper. Le lendemain je partis dans une des voitures du Prince pour retourner à Francfort. --- Arrivé à la Salle de ſpectacles, je fus reçu au ſon de la muſique & aux acclamations générales; tous les Acteurs parurent ſur le Théatre, & deux charmantes Actrices, repréſentant les Graces, après quelques couplets faits à cette occaſion, couronnèrent mon buſte, qui s'éleva au milieu du Théatre. --- Je me rendis enſuite chez M. le Comte de Romanzow, Ambaſſadeur de Ruſſie; ce Miniſtre tenant deux bougies à la main, eut l'honnêteté de me préſenter ſur un balcon au Public, qui me demandoit à grands cris. --- Le lendemain 5, quelle fut ma ſurpriſe, lorſqu'entrant dans mon caroſſe, j'apperçus qu'une quantité d'hommes avoient pris la place des chevaux, & me traînèrent ainſi malgré moi au Spectacle, où je fus conduit dans la loge des Princes. Il eſt inutile de dire combien les *bravo* & les applaudiſſemens me furent prodigués; je me vis forcé d'aller de loge en loge, où je reçus les complimens les plus flatteurs. Après la Comédie je me rendis à l'Hôtel de l'Empereur, pour y ſouper avec les principaux habitans de Francfort : cette aimable Société mit le comble à ſes politeſſes par un très-honnête cadeau. -- Le lendemain 6, je me rendis au Sénat aſſemblé, où j'eus l'honneur de préſenter mon Drapeau, aux Armes de la Ville, à MM. les Magiſtrats. Après des complimens agréables, ils m'honorèrent de 50 Médailles d'or, frappées à l'occaſion du Couronnement du Grand JOSEPH II. -- J'annonçai mon départ de Francfort pour le Lundi 10. Le Théatre voulut ſe ſignaler le Samedi 8, en me faiſant les adieux les plus pompeux. Après la première pièce, le Théatre ſe changea en un ſuperbe Palais, mon buſte s'éleva ſous un Trône magnifique; le fond repréſentoit le Temple de Mémoire & les neuf Muſes en gardoient l'entrée, les trois Graces richement décorées & ornées de guirlandes de fleurs, ainſi que de petits Amours, m'adreſſèrent quelques couplets, & vinrent enſuite à la loge que j'occupois, où j'avois l'honneur d'être accompagné par ſon Excellence M. l'Ambaſſadeur de Ruſſie. Ces charmantes Actrices, bien faites pour repréſenter les Graces, me décorèrent d'une Couronne de Lauriers & de Guirlandes de fleurs, d'une telle manière, que je ne pus m'en débarraffer que très-difficilement; pour me préfenter au Public & le remercier de fes applaudiffemens. *Signé*, BLANCHARD, Citoyen de Calais, & Penfionnaire du Roi.

PROCÈS-VERBAL de l'Afcenfion du 15e. Voyage de M. Blanchard, Citoyen de Calais & Penfionnaire du Roi; fait à Francfort fur le Meyn, le 3 Octobre 1785.

L'an 1785, cejourd'hui 3 Octobre, Nous fouffignés déclarons avoir été témoin de la 15e Expérience aréoftatique de M. *Blanchard*, qu'il a faite avec le Ballon de Calais, celui du 27 Septembre ayant été déchiré par la tempête, & mis hors d'état de fervir. Cet Aéronaute ayant pris des précautions contre le vent, s'eft élevé dans les airs devant la plus brillante affemblée, emportant avec lui fon parachûte pour faire une expérience fur la chûte des corps graves. Lors de fon afcenfion, il étoit 10 h. 36 minutes, le vent Nord-Oueft. Le Baromètre à 27 pouces 7 lignes. Le Ciel tout-à-fait couvert. *Signés*, Louis, Prince héréditaire de Heffe-Darmftadt. Princeffe de Furftemberg, née Comteffe de Sternberg. Charles, Prince de Heffe-Darmftadt. Le Comte de Trautmannsdorf. Charles, Prince Palatin, Duc de Deux-Ponts. Elifabeth, Princeffe de la Tour & Taxis, Frédéric, Landgrave de Heffe-Hombourg. Comteffe de Baffenheim, née Comteffe de Neffelrod. F. C. de Frankenftein. Amélie, Princeffe Palatine, Ducheffe de Deux-Ponts. Louife, Princeffe héréditaire de Heffe-Darmftadt. Frédéric-Auguste, Prince de Heffe-Darmftadt. La Comteffe de Metternich, née Comteffe de Kageneck. La Princeffe de Hohenlohe, née Princeffe de Reus. Le Comte de Baffenheim. Le Comte de Romanzouw. La Princeffe de Furftenberg. Caroline, Princeffe héréditaire de Heffe, née Princeffe de Dannemark. Caroline Marg. de Brandeb. Bareith, Princeffe de Bruynfw. Lüneb. H. Marquife du Chaftelet. La Princeffe Douairière de Heffe-Darmftadt. Jofeph, Princeffe de la Tour & Taxis. Augufte Princeffe Palatine, née Princeffe de Heffe-Darmftadt. Magdeleine, Princeffe d'Anhalt Bernbourg. Frédérique, Princeffe de Heffe. Caroline, Princeffe de Naffau. Caroline, Princeffe de Heffe. Le Prince Palatin de Deux-Ponts. Louis-Georges-Charles, Prince de Heffe. Le Comte de Goertz.

Nous fouffignés, déclarons avoir vu paffer M. *Blanchard* à 11 h. 15 m., & il nous a paru vouloir defcendre dans notre Ville; en effet il nous a dit depuis, avoir jetté fon ancre à la Ferme de Wehrholz,

tout

(9)

tout proche de notre Ville, & qu'il s'y feroit arrêté, fi un enfant, qui
n'entendoit pas fa langue, ne l'avoit défancré ; qu'il s'étoit porté à
quelques pas plus loin dans la même intention, & qu'après avoir jetté
fon ancre dans un buiffon, il avoit éprouvé encore le même défagré-
ment par un berger, qui ne l'entendoit pas non plus ; qu'il étoit allé
à environ un quart de lieue de-là ; & bien certain qu'on ne le défancre-
roit pas cette fois, il s'étoit porté à l'autre bord de la rivière de Lahne,
où perfonne n'avoit pu contrarier fon intention. --- En effet, il s'eft
repofé fort tranquillement fur la terre au lieu marqué, à 11 h. 24 m.
L'ayant fuivi de loin, nous nous fommes tranfportés au lieu où il étoit,
nous lui avons aidé à ployer fon Ballon & l'avons mené avec plaifir
dans notre Ville au milieu de Nous. --- En foi de quoi nous avons
figné ces préfentes. Donné à Weilbourg ce 3 d'Octobre 1785. Textor,
Lieutenant au Service de Naffau-Weilbourg, le premier qui a été fur
le lieu, & qui s'eft fait un plaifir d'aider M. *Blanchard* à ployer fon
Ballon. --- Le Baron de Keller, Lieutenant du Régiment de Naffau-
Weilbourg du Cercle du haut-Rhin. --- Guillaume-Louis Médicus,
Confeiller de la Régence. --- O. C. Volk, Affeffeur de la Régence &
Prévôt de la Ville. --- J. H. Stricker. Stouz. J. C. Leidner de Ban-
court. De Grefs, Secrétaire de la Chambre de Wetzlat. --- Rondio,
Révifeur des Comptes de la Chambre des Finances.

LETTRE d'Ufingue, du 3 Octobre. A 10 h. 40 min. avant midi,
nous avons eu le plaifir d'obferver au-deffus de nous, M. *Blanchard*
avec fon Ballon, à la hauteur d'environ 600 toifes, le vent étant Sud-
Eft, il fembloit fe diriger vers le Nord-Oueft. Le Ballon nous a paru
avoir un pied de diamètre.

Autre de Hombourg-ès-monts, du 3 Octobre. Ce matin à 10 h. 43 m.
nous avons eu le plaifir de voir M. *Blanchard*, planant bien haut dans
l'atmofphère, au-deffus de notre Ville & Château, d'où il a été falué
de 3 coups de canon, auxquels il a répondu avec fon drapeau. Il paroiffoit diriger fa route vers le Wefterwald.

Autre de Reiffenberg du 3 Octobre. Vers les 11 h. M. *Blanchard* a
paffé avec fa machine aréoftatique au-deffus & derrière la grande
Montagne, dite le Feldberg---&c. Il fe dirigeoit vers Cologne. Nous
l'avons obfervé pendant un quart d'heure.

B

LETTRE de M. Blanchard *à S. A. S. Mgr. le Prince de* Naſſau Weilbourg *, à* Kirch-Heim Polandem *, en date de Francfort , le* 5
Octobre 1785.

MONSEIGNEUR,

Guidé par l'eſpoir flatteur de trouver Votre A. S. dans ſon Palais,
à Weilbourg; j'ai deſcendu des airs pour lui rendre mon reſpectueux
hommage; mais ayant appris qu'Elle n'y étoit pas dans ce moment,
j'allois planer de nouveau & continuer ma route, lorſque vos em-
preſſés Sujets me prierent de deſcendre au milieu d'eux; je me rendis
à leurs inſtances, j'ancrai à quelques pas de votre Ville, où je fus
conduit en triomphe par les Conſeillers de Votre Alteſſe, qui me
prodiguerent les applaudiſſemens & les fêtes; mais je remarquai au
milieu de cette joie générale, que chacun regrettoit de ne pas poſ-
ſéder ſon Souverain. Je prends la liberté, Monſeigneur, d'envoyer à Votre Alteſſe un des drapeaux de ce voyage aérien, en la ſuppliant très-
humblement de vouloir bien l'accepter, comme le tribut de mon hommage, & du profond reſpect avec lequel je ſuis, Monſeigneur de V. A. S.

Le très-humble & très-obéiſſant ſerviteur
BLANCHARD, Citoyen de Calais &
Penſionnaire du Roi.

Le Prince de *Naſſau Weilbourg*, a reçu avec bonté le drapeau de
M. *Blanchard*, des mains de M. de *Bancourt*. S. A. S. a daigné faire
dire à l'Aéronaute qu'Elle le verroit avec plaiſir à Kirch-Heim Polandem, pour le remercier de ſon attention, & Elle remit auſſi-tôt le
drapeau entre les mains de la Princeſſe.

Le 13, M. *Blanchard* ſe rendit à l'invitation du Prince, qui lui fit
préſent d'une ſuperbe boîte d'or, & lui fit part du dépôt de ſon
drapeau dans ſes Archives. Après le ſouper, la Princeſſe deman-
da à l'Aéronaute quelle heure il étoit lors de ſa deſcente à Weilbourg, & ſur ce qu'il répondit qu'il étoit 11 h. 15 m. *Eh bien!* lui
dit la Princeſſe, *voilà une montre qui marque exactement cette même
heure, je vous prie de la garder.* M. *Blanchard* l'aſſura que cette ſuperbe montre lui ſerviroit dans tous ſes Voyages aériens; ce qui parut faire plaiſir à la Princeſſe.

Tous les Princes & Princeſſes d'Allemagne qui étoient à Francfort au nombre de 122, ont été tellement flattés de l'expérience de M. *Blanchard*, qu'ils ont formé un grand projet auquel il vient de fouf-crire. Il s'agit de conftruire (fi le couronnement du Roi des Romains a lieu) une machine aéroftatique capable d'enlever 50 perfonnes. M. *Blanchard* fera le Conftructeur & le Pilote de cet énorme Aéroftat. Ce fera alors qu'il pourra tenter efficacement quelques moyens de di-rection : en attendant, il va en tenter de nouveaux dans les Pays-Bas, à Hambourg, à Vienne, à Warfovie, à St. Pétersbourg, à Rome, à Milan, à Naples, en Efpagne & dans plufieurs autres Royaumes où il eft demandé.

AUTRE PROCÈS-VERBAL.

L'an 1785, le 17e. jour d'Octobre, Nous fouffignés déclarons nous être tranfportés fur les 11 h. du matin, au lieu où M. *Blanchard* avoit dépofé fon Ballon que nous avons vu avec plaifir ; nous avons auffi examiné le parachûte de l'invention de cet Aéronaute, & fur ce que nous avons paru en defirer une expérience. M. *Blanchard* eft monté vers le midi au haut de l'Eglife Paroiffiale, & a répété deux fois l'ex-périence ; le chien qui étoit dans un filet appendu au parachûte, eft defcendu fi doucement qu'il eft impoffible qu'il en ait reçu la moindre incommodité. Nous déclarons que cette expérience qui a réuffi par-faitement, nous a fait un plaifir infini. En foi de quoi nous avons figné, à Coblentz, le jour & an que deffus. CLÉMENT, Electeur de Trèves. CUNEGONDE, Princeffe, Abbeffe d'Effen & de Thorn. Le Comte DE METTERNICH VINNEBOURG. Comteffe de METTER-NICH, née Comteffe DE KAGENECX. HUGEL, Confeiller intime de S. A. S. E. de Trèves. Le Baron de DUMINIQUE. WECKBECKER, Confeiller de la Cour de Juftice de l'Electeur de Trèves.

DERNIER PROCÈS-VERBAL.

» L'an mil fept cent quatre-vingt-cinq, le 27 Septembre, Nous fouffignés, certifions que la journée du 25 de ce mois, a été fi terri-ble, que M. *Blanchard*, qui avoit annoncé fa 15e. Expérience aéro-ftatique pour ce jour là, fut obligé de la remettre au lendemain dans l'efpérance que le temps fe calmeroit ; mais au contraire, la pluie & la tempête augmenterent à un tel point, que les tentes qui avoient été renverfées la veille, furent déchirées, & une partie de l'enceinte qui avoit fubi le même fort, fouffrit confidérablement, de forte qu'il auroit

été impoffible à notre Aéronaute de tenter l'Expérience. Nous l'enga-
geâmes même à la remettre à un autre temps que celui de l'Equinoxe,
en lui repréfentant combien nous nous intéreffions à fes jours ; mais
par le defir qu'avoit M. *Blanchard* de fatisfaire toute la Ville, qui étoit
remplie de Princes , de Seigneurs & d'Etrangers arrivés exprès
de toutes parts , il réfolut de la tenter le 27. Comme le temps
paroiffoit fe bien difpofer , nous ne nous oppofâmes pas à fon zèle ; à
9 heures du matin, quoique le vent parut s'élever, on commença l'o-
pération , mais il augménta tellement qu'on eut toutes les peines du
monde à introduire l'air inflammable dans le Ballon , les bourrafques
de vent, qui fe fuccédoient, étoient fi violentes que le Ballon, qui fe
déchiroit de place en place , par le pôle inférieur , entraînoit plus de
cent hommes qui vouloient le retenir ; cependant, malgré la tempête
on parvint à le remplir autant qu'il le falloit pour enlever trois perfonnes. A une heure S. A. S. Mgr. le Prince *Louis-Frédéric de Heffe
Darmftadt,* qui depuis long-temps defiroit faire un Voyage aérien avec
M. *Blanchard,* entra dans la nacelle, malgré les repréfentations qu'on
fit à S. A. fur les dangers que la tempête pouvoit occafionner : rien ne
fut capable d'ébranler ce Prince courageux , il fe plaça tranquillement
dans le char à côté de M. *Schwietzer,* Officier au Régiment de Schom-
berg, Dragon, qui étoit auffi du Voyage. Au moment que M. *Blanchard*
calculoit fon left & fe difpofoit à partir , recevant tous nos vœux ; il
furvint un ouragan fi terrible , que le Ballon qui préfentoit un coup
d'œil fuperbe, fut déchiré du haut en bas, l'air inflammable qui s'é-
chappoit avec abondance , fut auffi-tôt remplacé par l'air atmofphé-
rique ; il fallut promptement redoubler de force pour tout retenir.
Quoique M. *Blanchard,* plus d'une heure auparavant , nous eut fait
part de fes craintes fur ce fâcheux événement ; il en fut très-ému ;
on l'enleva de la nacelle, & on le porta au milieu de nous , nous lui
rendîmes tous les fecours qui étoient en notre pouvoir , & après
l'avoir raffuré fur cet accident, où il eft clair qu'il n'a aucun tort,
nous l'avons amené dans notre voiture, dans laquelle il nous a déclaré
avoir apporté à Francfort le Ballon de Calais en fort bon état, avec
lequel il fe propofe de refaire l'expérience Lundi prochain 3 d'Octobre.
En foi de quoi , nous avons figné le préfent Procès-verbal les jour &
an que deffus. A Francfort fur le Mein. *Signés,* Charles, Prince Palatin, Duc de Deux-Ponts, *m-ppria.* Louife , Princeffe Héréditaire
de Heffe-Darmftadt. Amélie, Princeffe Palatine, Ducheffe de Deux-
Ponts *m-ppria.* Louis, Prince Héréditaire de Heffe Darmftadt. *Pour
copie conforme à l'original. »*

9 782013 689793